Henry de Varigny

L'Air et la Vie

Science

ISBN : 978-1984318817

10 9 8 7 6 5 4 3 2 1

Henry de Varigny

L'Air et la Vie

Science

Table de Matières

Introduction

Tous les êtres vivants respirent, et l'air leur est aussi nécessaire que l'eau, les aliments, une certaine chaleur. C'est là une notion banale d'ailleurs, et il n'y aurait guère d'intérêt à s'y arrêter, si, en procédant à une analyse plus exacte des phénomènes, les recherches modernes n'avaient révélé nombre de faits curieux, et qui montrent combien est variée la relation par laquelle sont unis l'organisme vivant et le milieu qu'il habite.

Mais avant d'étudier ces rapports multiples, quelques mots sur l'air lui-même. Il entoure notre globe de toutes parts, et forme une couche dont l'épaisseur n'est guère connue, il est vrai ; mais, pratiquement, l'atmosphère ne nous intéresse plus aux altitudes supérieures à 10,000 ou 15,000 mètres, parce qu'à cette hauteur, elle est sans doute impropre à l'entretien de la vie, et comme dans nos mers la vie ne dépasse guère une profondeur de 8,000 ou 10,000 mètres, nous pouvons dire que le milieu renfermant les êtres vivants forme une couche dont l'épaisseur ne dépasse point 20 ou 25 kilomètres. C'est dans cette mince couche, — où la vie atteint son maximum de densité à la partie centrale, représentée par le niveau des mers, — que sont contenus tous les organismes. Elle est peu de chose comparée aux dimensions de la terre et à l'immensité des espaces célestes, mais la variété des formes qui y ont évolué et le développement atteint par certaines d'entre elles n'en ressortent que plus admirables à nos yeux.

Cette atmosphère pèse sur chaque organisme, et le sujet de taille moyenne supporte de ce chef un poids de quelques milliers de kilogrammes. Elle renferme de la vapeur d'eau, elle tient en suspension des poussières, elle est agitée de mouvements nombreux, et chacun de ces éléments joue un rôle dans la vie.

Au point de vue chimique, l'air est composé d'éléments divers. Ce n'est point un corps simple, comme on l'a cru jusqu'à la fin du siècle dernier, c'est un mélange de corps gazeux, susceptibles d'être isolés et analysés. Un mélange et non une combinaison, car la réunion des éléments se fait sans phénomènes électriques ou thermiques ; un mélange où les proportions des parties peuvent être considérées comme sensiblement constantes.

Parmi ces éléments, il en est trois qui sont prépondérants par la quantité ou par l'importance physiologique : j'ai nommé l'oxygène, l'azote et l'acide carbonique. D'où viennent ces éléments, dans quelle proportion existent-ils, quel est leur sort ? Ces questions ne sont point déplacées ici. Étudiant les relations de l'atmosphère avec l'être vivant, nous devons considérer l'influence de la première sur le dernier, mais nous devons aussi considérer l'influence des organismes sur l'air, et c'est surtout d'elles que nous avons à parler dans l'étude rapide des questions qui viennent de se poser.

Section I

L'oxygène a été découvert par Priestley et Scheele, en 1774. Peu de temps après, — et sur ce point nos lecteurs ne sauraient mieux faire que de se reporter au beau livre de M. Berthelot sur la *Révolution chimique*, et sur Lavoisier, — des expériences très simples prouvèrent à Lavoisier que l'oxygène est un des éléments constituants de l'air, et que ce dernier est un corps composé, un mélange de gaz. Le nom même d'oxygène fut créé par Lavoisier, et sa découverte fut le point de départ d'une révolution dans la chimie et la physiologie, d'une ère féconde en résultats admirables.

L'oxygène est un gaz plus lourd que l'ensemble de l'air, éminemment favorable à la combustion et à la respiration, c'est-à-dire aux oxydations. Dans 1,000 litres d'air, il y a 208 litres d'oxygène et 792 litres d'azote. Ce résultat a été obtenu par les méthodes nombreuses et très précises dont dispose actuellement la chimie, et grâce à ces méthodes on a pu rechercher dans quelle mesure la proportion d'oxygène est constante. Ces recherches étaient nécessaires, car certains chimistes, Dalton et Babinet entre autres, ont pensé, en se guidant sur des raisons théoriques, que l'air devient d'autant plus pauvre en oxygène qu'il occupe des régions plus élevées ; qu'à la surface du sol il doit y avoir un peu plus d'oxygène et un peu moins d'azote, alors que dans les hauteurs de l'atmosphère la situation serait renversée, l'azote étant plus abondant, et l'oxygène plus rare, de telle sorte qu'à 10 kilomètres d'altitude, par exemple, il n'y aurait que 184 volumes d'oxygène pour 816 volumes d'azote. Mais l'analyse directe, faite par Thénard, d'air recueilli à 7,000 mètres d'altitude, par Gay-Lussac, et les expériences de Dumas et Boussingault, faites au moyen de la méthode des pesées, ont montré que ces vues de l'esprit ne répondent point à la réalité des faits. On peut dire que la composition de l'air est uniforme et constante au point de vue de l'oxygène et de l'azote, à quelques très petites différences près.

Étudiant la teneur de l'air en oxygène selon le temps, à des altitudes et en des lieux différents, à des époques distantes, Dumas et Boussingault ont obtenu des chiffres sensiblement identiques, dont les légères différences se trouvent dans les limites des erreurs inévitables de l'expérience. D'autres chimistes, Brunner, Regnault, Reiset, Doyère, Bunsen, par des méthodes variées, sont arrivés à la même conclusion, qui par-là se trouve solidement établie.

Et maintenant, d'où provient cet oxygène de l'air ? Quelles en sont les sources ? C'est une question qu'il est permis de se poser en présence de ces deux faits : la permanence de la proportion où ce gaz se trouve dans l'air, et l'énorme consommation qui en est faite par les êtres vivants et les combustions.

Nous savons que l'air en renferme plus de 1 million de milliards de kilogrammes, qu'il constitue près de la moitié du poids des minerais du globe ; que l'eau en contient les $8/9^e$ de son poids, et qu'il abonde dans les tissus de tous les êtres vivants. Nous ne connaissons actuellement, toutefois, qu'une source d'oxygène, découverte par Priestley, expliquée par Perceval et Senebier : je veux parler des plantes. On sait en effet que les végétaux ont la propriété, grâce à leur chlorophylle, de décomposer l'acide carbonique en ses éléments, en carbone qui se fixe dans les tissus, et en oxygène qui, devenu libre, se répand dans l'atmosphère. Sans doute, nombre de réactions chimiques donnent naissance à un dégagement d'oxygène, telles que l'électrolyse de l'eau, la décomposition du chlorate de potasse ou de l'acide sulfurique par la chaleur ; mais est-il de ces réactions ou d'autres, qui se fassent naturellement et permettent le dégagement de ce gaz dans l'atmosphère ? Nous ne savons. Mais du moment où la composition de l'air reste réellement constante, il y a quelque processus par lequel la masse énorme d'oxygène, absorbée par les combustions organiques et inorganiques de chaque seconde en tout point du globe, est tôt ou tard restituée à l'atmosphère. Les plantes peuvent-elles exécuter la totalité de ce travail chimique ?

C'est une question que nous posons sans la résoudre encore : tout semble indiquer cependant qu'elles y suffisent.

Si la teneur normale de l'air en oxygène est constante, ou sensiblement telle, il ne faut pas oublier que selon les conditions il y a tendance locale à l'abaissement ou à l'élévation de la proportion habituelle. L'air diminue en oxygène dans les lieux encombrés par une agglomération d'êtres vivants, ou par la présence de substances qui s'oxydent lentement ou rapidement, dans les salles publiques, par exemple, ou dans les raines ; et l'analyse chimique de l'air révèle aisément la situation ; partout où il y a consommation d'oxygène sans circulation d'air suffisante, le taux de l'oxygène s'abaisse nécessairement. Mais ce sont là des accidents locaux qui ne retentissent point sur la composition de l'atmosphère dans son ensemble ; pas plus que ne le font les cas inverses où, comme dans les forêts, il y a dégagement abondant d'oxygène.

Considérons maintenant l'azote. Ce gaz, nous l'avons dit, a été découvert par Priestley, et Lavoisier a montré qu'il entre dans le mélange que nous connaissons sous le nom d'air. Plus léger que ce mélange, il en occupe les 79/100 en volume. Il n'est ni comburant, ni combustible, il ne sert point à la respiration, il ne peut entretenir la vie. Ce n'est point qu'il soit toxique, mais il est inerte, indifférent, inactif au point de vue respiratoire. Nos connaissances à l'égard de son origine sont limitées. Nous savons que certaines sources thermales, les sources sulfureuses en particulier, en dégagent ; nous savons que les animaux en excrètent aussi, qu'ils ont absorbé avec l'air respiré, et c'est tout. Comme l'oxygène, il paraît se présenter dans l'air en tous lieux dans la même proportion.

Les deux éléments, oxygène et azote, constituent la plus grande partie de l'air : ce sont ses parties essentielles. Celles qu'il nous faut maintenant considérer ne s'y trouvent qu'en proportion très faible et variable ; on pourrait presque dire que ce sont les accessoires de l'air, si l'analyse ne nous montrait qu'elles jouent dans la vie des êtres un rôle presque aussi considérable que les éléments fondamentaux et essentiels.

Le plus important de ces éléments accessoires est l'acide carbonique, l'acide crayeux de Van Helmont. L'air en contient de très faibles quantités : 4 ou 5 volumes pour 10,000 volumes d'air. C'est un gaz relativement très lourd et que Priestley avait déjà reconnu être impropre à l'entretien de la respiration ou à la combustion. Les proportions où il se présente dans l'air ne sont point fixes ; elles varient, selon les lieux et les conditions, beaucoup plus que ne varient celles des autres gaz. En 1827 déjà, de Saussure avait reconnu des différences très sensibles : il avait noté des chiffres variant entre 3.15 et 5.74 pour 10,000. Boussingault et Lévy ont constaté qu'entre Paris et Andilly (près de Montmorency), il y a une différence notable dans la proportion d'acide carbonique contenue dans l'air : 3.19 dans la ville, et 2.99 dans le village. Entre la ville de Manchester et ses environs, Roscoë et Mac-Dougall n'ont trouvé qu'une différence plus faible ; mais à Clermont-Ferrand, M. Truchot a relevé le chiffre de 3.15 pour 10,000, au lieu de 2.03 au Puy-de-Dôme, et 1.72 au Pic de Sancy. Ces exemples suffisent à montrer combien les variations de la teneur en acide carbonique sont considérables, et combien l'air de la campagne et des hauteurs est plus pur que celui des villes. D'ailleurs, en y regardant de plus près, on voit que la quantité d'acide carbonique varie selon les lieux et les moments. De Saussure l'a vue augmenter durant la nuit et pendant les temps nuageux ; elle varie selon les saisons, les mois et les années, mais non d'une façon régulière ; elle change du jour au lendemain. Au-dessus de la mer, les variations semblent moins prononcées ; comme sur les hautes montagnes, l'air y est plus uniformément pur. Si, au lieu d'envisager la composition de l'air libre recueilli dans les rues ou dans les champs, ou sur les montagnes, nous considérons celle de l'air des maisons et de tous les espaces où l'air ne circule point avec toute liberté, et où des combustions organiques ou inorganiques s'opèrent, les variations sont plus considérables encore. Et cela ne nous étonnera pas si nous tenons compte du fait que l'air que nous expirons en ce moment renferme près de 100 fois plus d'acide carbonique que n'en contenait le même air quand nous l'inspirions il y a quelques secondes. Dans ces conditions, il nous suffit d'imaginer une chambre close où se trouvent une ou plusieurs personnes : avec le temps nous pourrions y observer toutes les proportions possibles d'acide carbonique. Nous le pourrions, si toutefois l'expérience ne se limitait d'elle-même ; si, comme l'a vu Pettenkoffer, le 0.04, ou 0.05 pour 1,000 normal, peut s'élever, dans une chambre assez bien aérée, à 0.54 et 0.70, ou à 2.4 dans une chambre de malade mal aérée, pour atteindre 3.2 dans une salle de cours, 7.2 dans une salle d'école, et même 21 dans une écurie des Alpes où hommes et bêtes se calfeutrent en hiver contre le froid de la montagne, il arrive bientôt un point qui ne peut être dépassé ; les patients, nommes ou animaux, meurent plus ou moins vite, et la production d'acide carbonique cesse nécessairement ; ils meurent tués par l'acide carbonique et par le défaut d'oxygène, et un milieu contenant plus de 4 pour 100 d'acide carbonique et moins de 16 pour 100 d'oxygène, — ce sont les proportions de l'air expiré, — devient promptement mortel. Nous aurons à revenir plus loin sur ce point, en parlant des relations de l'acide carbonique avec la vie, et il nous suffira ici d'indiquer à quel point la proportion de l'acide carbonique peut devenir considérable dans un milieu confiné, et combien les variations en sont plus grandes que celles de l'oxygène et de l'azote.

Ces variations tiennent à celles qui existent dans le taux de production de ce gaz, et nous avons sur ce point des connaissances relativement étendues. L'acide carbonique a en effet des origines nombreuses. Nous en avons indiqué une en passant : l'homme et les animaux. Tous les animaux, ou mieux, tous les êtres vivants sont des producteurs d'acide carbonique. Tous respirent en effet, bien qu'avec une intensité variable, et la respiration, au point de vue chimique, c'est la combinaison d'une certaine quantité de carbone du corps avec une autre quantité de l'oxygène de l'air ; c'est la production d'acide carbonique qui est expulsée par le poumon. Cette création constante d'acide carbonique par l'être vivant, par l'animal, et par la plante qui respire comme l'animal, cette création varie d'intensité assurément, et on sait que chez la même espèce d'animal, par exemple, le mâle est plus gros producteur que la femelle, l'adulte, que le très jeune ouïe très vieux ; le fort que le faible, etc. Chacun sait encore que cette production est accrue par l'exercice, le mouvement, la lumière solaire, l'alimentation, diminuée par le repos, l'obscurité, l'inanition. On peut dire qu'en moyenne, l'homme en exhale 20 litres par heure, soit près d'un kilogramme d'acide carbonique par 24 heures. Le mouton en produit plus, et le taureau en exhale jusqu'à 7 et 8 kilogrammes dans les mêmes conditions. Toutefois, pour bien apprécier le taux de production de l'acide carbonique par les animaux, il convient de la chiffrer autrement, et de la rapporter à une unité constante qui est le kilogramme de poids d'animal : on rapporte alors la quantité totale produite au nombre de kilogrammes de l'animal, et on dit que le kilogramme de cheval, de bœuf ou de canard produit telle quantité d'acide par 24 heures. En opérant ainsi, on voit que ce sont les oiseaux qui produisent le plus d'acide carbonique. Un kilogramme de bœuf excrète de 3 à 7 grammes de carbone par 24 heures ; un kilogramme de dinde ou de poule en produit 20 grammes environ ; un kilogramme de poussins, 56 grammes, et de moineaux, près de 60 grammes. Ces faits ne peuvent nous surprendre : l'activité respiratoire des oiseaux est très grande, en effet, et la production d'acide carbonique est nécessairement considérable. Boussingault a calculé, — voici longtemps déjà, — que la ville de Paris, à elle seule, produit, parles hommes et les chevaux, près d'un demi-million de mètres cubes par 24 heures. Ce chiffre peut être considérablement accru aujourd'hui, et si l'on évalue la population humaine totale du globe à un milliard, on arrive à conclure que l'homme seul déverse dans l'atmosphère un milliard de kilogrammes, ou 480 millions de mètres cubes d'acide carbonique par jour, c'est-à-dire 175,200 millions de mètres cubes par an ! Il est malaisé de dire au juste quelle est la production par les animaux, mais elle est certainement double ou triple, d'après Girardin, et nous pouvons compter, pour la production des animaux et de l'homme, 700 milliards de mètres cubes par an. Joignons-y la production des végétaux, qui tous respirent comme les animaux et exhalent de l'acide carbonique ; les torrents déversés par les combustions du bois, de la houille, de tout ce qui brûle en un mot, — et en Europe il s'extrait et se consomme plus de 550 millions de tonnes par an, soit 80 milliards de mètres cubes d'acide carbonique, — joignons encore la lente production de toute la surface terrestre où se font des combustions végétales ; tenons compte des sources minérales, — celles d'Auvergne, d'après Lecoq, donnent près de 7 milliards de mètres cubes d'acide carbonique par an ; tenons compte encore de la production des volcans et de leurs alentours, — le Cotopaxi, d'après Boussingault, en exhale plus que tout Paris, — des sources naturelles par où ce gaz sort des profondeurs terrestres (grotte du Chien de Naples, et autres du même genre), et nous ne serons pas surpris si M. Armand Gautier arrive à conclure que la production d'acide carbonique atteint 2,500 milliards de mètres cubes par an. Encore est-il certain que le calcul demeure en-deçà de la vérité, et que le chiffre réel est plus élevé.

En présence de cette formidable production, on a le droit de s'étonner combien la proportion de l'acide carbonique dans l'atmosphère demeure faible, étant donné qu'il est aisé de calculer le chiffre qu'atteindrait cette proportion en dix, vingt ou cent ans, s'il n'existait quelque cause de destruction de ce gaz, et que cette proportion deviendrait rapidement fatale aux êtres vivants. Aussi peut-on être assuré qu'il existe des mécanismes puissants, par lesquels ce gaz est éliminé de l'atmosphère, à peu près dans les proportions où il est produit. Nous connaissons trois de ces mécanismes : les animaux, les végétaux et la mer. Les plantes tout d'abord, qui par leur fonction respiratoire exhalent de l'acide carbonique, en absorbent par leur nutrition une bien plus grande quantité ; elles absorbent ce gaz et le décomposent en ses éléments, en carbone qui se fixe dans leurs tissus, et en oxygène qu'elles restituent à l'atmosphère ; les plantes sont surtout productrices d'oxygène.

Puis, les animaux à squelette ou à carapace calcaire, — et ce sont la majorité, — comme les coquillages, les coraux, presque tous les animaux marins et terrestres, dans des proportions variables, qui fixent le carbonate de chaux, combinaison de chaux et d'acide carbonique, combinaison qui, après leur mort, persiste sous la forme d'ossements ou de squelettes calcaires. Voyez en effet les récifs de madréporaires ou de coralliaires en général ; mesurez les couches calcaires d'une épaisseur parfois prodigieuse, qui se trouvent dans tous les terrains géologiques, et qui sont, pour la grande partie, généralement composés de débris agglomérés d'animaux, si bien que Van Dechen a pu calculer que les couches calcaires du terrain carbonifère renferment à elles seules six fois plus de carbone que ne le lait l'atmosphère actuellement, — fait qui a suggéré à Sterry Hunt, le géologue américain, l'idée qu'il doit exister quelque autre source d'acide carbonique, qui serait l'espace interstellaire. Si bien encore, qu'à supposer libéré dans l'atmosphère tout l'acide carbonique fixé dans les roches carbonatées, celle-ci acquerrait une pression telle qu'une grande partie s'en liquéfierait, et même se solidifierait aussitôt (Stanislas Meunier). La mer, enfin, joue un rôle d'absorption et de régulation des plus intéressants et, par-là, empêche l'acide carbonique de s'accumuler dans l'atmosphère au-delà de certaines limites. Les beaux travaux de M. Schlœsing ont montré, en effet, que l'eau de mer tient en dissolution une grande quantité d'acide carbonique, beaucoup plus que n'en renferme l'atmosphère. Si l'acide carbonique augmente dans l'air, par le fait d'une production supérieure à la destruction opérée par les plantes et les animaux, une partie va s'en dissoudre dans l'eau de mer et se fixer sur le carbonate neutre de chaux insoluble que renferme toujours cette dernière, d'où la production d'un bicarbonate soluble qui se dissout dans l'eau. Et inversement, si la quantité d'acide carbonique diminue dans l'atmosphère, le bicarbonate soluble se décompose en carbonate neutre qui reste dans la mer, et en acide carbonique qui pénètre dans l'atmosphère. En un mot, quand il y a égalité de tension entre l'acide carbonique de l'atmosphère et l'acide de l'eau de mer, rien ne se produit : dès que l'équilibre de tension est détruit, la mer en opère, par ce processus chimique très simple, le rétablissement. Ajoutons que cette équilibration incessamment opérée est rendue possible surtout par le fait que la mer renferme une quantité d'acide carbonique de beaucoup supérieure à celle que renferme l'atmosphère. M. Schlœsing estime que la première en contient dix fois plus que cette dernière. Si importante, donc, que puisse être la production d'acide carbonique à la surface du globe par les agents énumérés plus haut, nous sommes assurés que la proportion de ce gaz dans l'ensemble de l'atmosphère ne peut varier que dans de très faibles proportions, grâce à la mer et à son rôle d'absorption et de régulation.

L'oxygène, l'azote et l'acide carbonique sont assurément les éléments les plus importants de l'air, au point de vue chimique. Il est cependant d'autres corps qui se rencontrent normalement dans l'atmosphère : comme l'ammoniaque que G. Ville trouve dans la proportion très faible de 24 grammes par million de kilogrammes d'air ; l'acide azotique qu'on découvre dans l'eau de pluie (de 1 à 10 milligrammes par litre d'eau) ; l'ozone, un oxygène condensé, exalté en quelque sorte, sous l'influence de l'électricité atmosphérique. Mais, à la vérité, la proportion qu'occupent ces corps dans l'air est très faible, et il n'y a pas lieu d'y insister autrement ; leur rôle dans la vie des êtres est cependant assez net. Nous en dirons un mot plus loin.

Section II

Connaissant maintenant les éléments de l'atmosphère, leur proportion dans le mélange aérien, leur mode de production et de destruction, c'est-à-dire leur mode d'équilibration, et tenant pour à peu près établi le fait, — encore controversé, il faut le dire, mais sans grande importance pour la question présente, — que la composition de l'air ne varie guère et demeure fixe dans les limites que nous venons d'indiquer, ayant esquissé le rôle des êtres dans la vie de l'atmosphère, nous pourrons passer à l'étude du rôle de l'atmosphère dans la vie des êtres.

Pour simplifier, nous étudierons isolément le rôle de chacun des éléments constituants de l'air. Le gaz vital par excellence, c'est, semble-t-il, l'oxygène : et c'est par lui que nous commencerons. Chacun sait qu'il est nécessaire à la respiration des animaux et de l'homme : la notion est devenue banale. La physiologie a montré en effet, d'une façon très claire, depuis que l'oxygène a été découvert, à quel point ce gaz est utile. Sans lui, pas de respiration, partant, point de vie. L'homme en consomme beaucoup. L'air inspiré renferme en moyenne de 20 à 21 volumes d'oxygène ; l'air expiré n'en contient que 16 volumes. Quatre volumes ont donc été absorbés par l'organisme, et en vingt-quatre heures nous en retenons plus de 740 grammes ; soit 516,500 centimètres cubes, ce qui fait 500 millions de mètres cubes par jour, pour l'humanité tout entière ! Nos exigences en matière d'oxygène varient en ce sens que l'enfant et le vieillard en retiennent moins que l'adulte : celui-ci, par exemple, en absorbera 914 grammes par vingt-quatre heures, alors que l'enfant de huit ans se contente de 375 grammes. Diverses conditions exercent encore une influence notable : la vigueur, le sexe, la température extérieure, le repos ou le mouvement, augmentent ou diminuent, selon le cas, la consommation d'oxygène. Nous absorbons cet oxygène dans nos tissus, et la majeure partie parvient à ceux-ci par le poumon et le sang, bien que notre peau, elle aussi, en absorbe un peu (1/80 de ce que prennent les poumons). Tous les tissus vivants ont besoin d'oxygène : tous respirent. Car il ne faut pas oublier que le poumon n'est qu'un instrument de la respiration ; le travail chimique qui constitue essentiellement celle-ci se fait ailleurs, dans les tissus mêmes. Le poumon n'est, — contrairement à l'opinion qu'eurent les physiologistes du siècle dernier, et Lavoisier lui-même, — que la porte par laquelle pénètre le gaz vital. La respiration consiste en une opération essentiellement chimique ; l'oxygène de l'air passe à travers les parois des capillaires extrêmement minces du poumon, et trouve dans les globules rouges du sang une substance (hémoglobine) qui s'en empare en vertu de ses affinités chimiques, et va le porter dans toutes les parties de l'organisme, pour subvenir aux opérations chimiques, aux oxydations en particulier, dont s'accompagne la vie des cellules et des tissus ou organes qu'elles composent, et qui se traduisent par la formation d'acide carbonique (formé d'oxygène de l'air et de carbone pris aux tissus). Le sang n'est donc qu'un véhicule : il apporte aux tissus l'oxygène dont ils ont besoin, et en emporte l'acide carbonique qui, s'il s'accumulait en eux, les frapperait bientôt de mort. Commune à tous les animaux, la respiration présente chez eux une activité très variable ; l'intensité en est plus grande chez l'oiseau que chez le mammifère, plus grande chez le mammifère que chez le reptile ou le mollusque, et d'ailleurs l'animal actif consomme plus d'oxygène que l'animal lent, ou plongé dans le sommeil, la léthargie ou l'hibernation. Mais tous les animaux respirent, tous ont besoin d'oxygène ; si ce gaz leur fait défaut, ils meurent.

Il en est de même pour les végétaux. Sans doute, par leur nutrition, ils exhalent de l'oxygène ; mais par leur respiration ils en absorbent, comme l'a signalé Priestley. Ici encore l'intensité de la fonction peut varier. La plante demande beaucoup d'oxygène pendant la germination, et c'est pourquoi nombre de graines ne peuvent germer sous l'eau où l'apport d'oxygène est insuffisant, ou dans un sol compact où l'air ne pénètre que difficilement. Telle graine veut le centième de son poids d'oxygène ; telle se contente d'un millième ou d'un demi-millième, mais toutes en ont besoin. Les plantes en veulent encore pour leur croissance ; elles en consomment beaucoup lors de la floraison, les opérations chimiques étant si rapides et si intenses qu'il se produit un dégagement de chaleur très appréciable. A tous moments de leur vie, elles consomment de l'oxygène, et c'est pour cela que nous évitons de les conserver en trop grande abondance dans nos appartements, surtout durant la nuit. — A ce moment, en effet, elles ne produisent que de l'acide carbonique, l'exhalation d'oxygène ne se faisant que de jour ; même quand elles semblent presque mortes, elles respirent encore : leurs parties détachées, fleurs, feuilles, fruits, placés dans un vase clos plein d'air, prennent de l'oxygène et fabriquent de l'acide carbonique. Mettez la plante dans un milieu privé d'oxygène : elle meurt sans retard.

Donc sans oxygène, pas de vie : ni animaux, ni plantes ; telle est la conclusion à laquelle la science est arrivée depuis la découverte de Lavoisier.

D'aucuns en pourraient conclure hâtivement que plus il y a d'oxygène, et plus la vie est abondante et intense, et que partout où l'air fait défaut, la vie manque également. Les recherches faites depuis quinze ou vingt ans par Paul Bert et M. Pasteur principalement ont montré que ces deux conclusions seraient profondément erronées.

Les êtres vivants sont adaptés à vivre dans une atmosphère qui renferme un quart d'oxygène et trois quarts d'azote. L'expérience nous montre que, si les proportions de ce mélange sont altérées de telle façon que l'oxygène diminue quelque peu, — d'un quart par exemple, — la quantité de ce gaz devient insuffisante, au sens large du mot, pour l'entretien de la vie. L'adaptation des êtres à l'atmosphère est donc très étroite, et dans ces conditions, on est en droit de se demander si la variation inverse, si l'excès d'oxygène ne serait pas, lui aussi, nuisible à la vie. C'est Paul Bert qui a principalement contribué à résoudre cette question, et l'expérimentation a révélé un fait absolument étrange à première vue, mais qui surprend moins celui qui tient sans cesse présente à l'esprit l'idée de l'adaptation de l'être vivant à son milieu. Ce fait, c'est que l'oxygène, le gaz vital et vivifiant par excellence, est un violent poison : et cela pour la plante comme pour l'animal, pour les cellules comme pour l'organisme complet. Il suffit que l'oxygène se trouve dans l'air sous une certaine tension, ou, ce qui revient au même, dans de certaines proportions, pour qu'aussitôt cet air devienne un agent de mort. Le fait se peut démontrer de deux manières : on peut soumettre les plantes ou l'animal à une pression atmosphérique supérieure à la normale, ou bien les faire vivre dans un air artificiel, où la proportion d'oxygène aura été accrue. Dans les deux cas, les phénomènes sont les mêmes et la mort survient bientôt. La cause de ce fait n'est pas encore connue pour les végétaux, mais Paul Bert a montré que les animaux meurent dans une atmosphère suroxygénée, dès que leur sang renferme un tiers en plus de la proportion normale d'oxygène, parce que, en présence de cette atmosphère, l'hémoglobine du sang est saturée d'oxygène, — ce qui n'arrive jamais à l'état normal, — et que, dès lors, une partie de ce gaz se dissout dans le sang même, dans son sérum liquide. Cet oxygène contenu dans le sérum est cause de tout le mal : les tissus sont mis en contact avec l'oxygène dissous, libre, non combiné, et il les tue. C'est ici le *comment* du phénomène ; le *pourquoi* nous échappe encore. Relevons seulement le fait que les tissus ne supportent point l'oxygène libre, et ne le prennent et ne l'utilisent qu'en l'empruntant aux globules rouges dans lesquels il se trouve à l'état de combinaison avec l'hémoglobine. En un mot, ils respirent indirectement et ne tolèrent point que le gaz leur soit fourni directement.

Ceci n'empêche pas que l'oxygène ne soit un agent thérapeutique puissant : comme tous les poisons, il a ses doses bienfaisantes, et entre la dose où il se rencontre normalement dans le sang, et celle où il commence à devenir nuisible, il y a des proportions salutaires.

Cette toxicité de l'oxygène surabondant est assurément un des faits les plus curieux que les récentes années nous aient fourni, et il est si net, si caractérisé que nul doute ne saurait être élevé à son égard.

D'un autre côté, il serait absolument inexact de dire que là où il n'y a pas d'oxygène, il ne peut y avoir de vie. Les recherches de Pasteur ont montré que si certains microbes ne peuvent vivre qu'en présence de l'air et de l'oxygène, d'autres, qu'il a nommés anaérobies, vivent mieux à l'abri de l'air. C'est le cas des microorganismes qui déterminent les fermentations. Ils ne produisent celles-ci que s'ils sont dans un milieu privé d'oxygène, et M. Pasteur a pu dire avec raison que la fermentation est une conséquence de la vie sans air. Que se passe-t-il donc dans un milieu en fermentation ? Un microbe particulier, — chaque fermentation est due à un microbe spécial, — un microbe particulier transporté par l'air ou l'eau, ou volontairement introduit, a vécu quelque temps dans ce milieu aux dépens de l'oxygène qui s'y trouvait. Puis l'oxygène est venu à manquer, le microbe ayant tout consommé. Pourtant le milieu renferme encore de l'oxygène, non plus à l'état libre, mais en combinaison avec certains éléments de celui-ci, et le microbe a le pouvoir d'extraire cet oxygène, de le *décombiner*, et de se l'approprier. Et comme il ne peut le faire qu'en détruisant une combinaison chimique existante, les éléments devenus libres se dégagent, en produisant les phénomènes qui caractérisent la fermentation. C'est ainsi que dans la fermentation alcoolique des substances sucrées (sucre de canne ou de raisin) le microbe enlève au sucre une partie de l'oxygène qui le constitue, et par là le dédouble en acide carbonique qui se dégage, et en alcool. C'est là un exemple entre cent qu'il est inutile de rappeler ici : tous concordent et montrent que partout où il y a fermentation, il y a un microbe qui, ne pouvant trouver l'oxygène dont il a besoin, l'emprunte aux substances qui l'entourent en décomposant celles-ci et les transformant en des composés nouveaux, des composés où les éléments des premières se retrouvent en partie, mais différemment groupés. Il en résulte que les microbes anaérobies, ceux qui semblent le plus craindre le contact de l'air, respirent de l'oxygène comme tous les autres êtres. C'est dire que la vie n'est pas impossible là où l'oxygène libre fait défaut, et c'est dire en même temps que partout où se présente la vie, il existe quelque manière pour l'être vivant de se procurer l'oxygène. L'exception apparente présentée par les microbes anaérobies n'en est donc pas une. Entre les microbes essentiellement anaérobies, et ceux qui sont aérobies, qui ont besoin d'oxygène libre, il y a toutes les formes de passage, et nous ne saurions entrer ici dans les détails nécessaires pour montrer qu'il n'y a que des différences de degré. Il nous suffira de rappeler que les cellules végétales sont aérobies à la fois et anaérobies, puisqu'elles sont aptes à déterminer la fermentation alcoolique par exemple. « Mettons une betterave dans l'acide carbonique, dit M. Duclaux, nous la verrons produire de l'alcool. Mettons de même des cerises, des prunes, des pommes, des fruits sucrés quelconques, des plantes saccharifères entières. Leur sucre se transforme encore partiellement en alcool et en acide carbonique. Dans ces conditions de vie nouvelle la seule différence avec la levure est qu'elles sont moins résistantes à la vie sans air, qu'elles poussent moins loin la fermentation, qu'elles s'arrêtent ou meurent avant d'avoir transformé tout leur sucre. Mais ce sont là des différences du plus au moins. » Elles nous étonneront moins encore, si nous nous rappelons les faits découverts par Paul Bert, et dont il a été parlé plus haut. N'avons-nous pas vu en effet, que les tissus animaux eux-mêmes sont anaérobies ? N'avons-nous pas vu que l'oxygène libre dissous dans le sérum du sang les tue, et que pour utiliser ce gaz, ils veulent l'emprunter à la combinaison formée par l'oxygène avec l'hémoglobine ? L'anaérobiose se rencontre donc chez les tissus animaux comme chez certains microbes. Et pourtant les uns et les autres ont besoin d'oxygène.

Pas d'oxygène, pas de vie ; excès d'oxygène, pas de vie non plus ; telle est la conclusion imposée par les faits.

Passons à l'azote. Son nom l'indique : il est impropre à l'entretien de la vie, et si nous mettons un animal quelconque ou une plante dans une atmosphère d'azote, la mort survient sans tarder. Ce n'est pas que l'azote soit toxique, — nous en inspirons sans inconvénient une quantité considérable, — mais il est inerte, inutile, incomburant et incombustible. Son rôle respiratoire est donc nul, et il semblerait qu'il n'eût d'autre fonction dans l'atmosphère que de tempérer l'action de l'oxygène. Une atmosphère d'oxygène serait rapidement mortelle par les lésions pulmonaires et par l'intoxication des tissus ; mélangé avec un gaz inerte, l'oxygène ne pénètre dans l'organisme qu'en quantité modérée ; l'azote le tempère comme l'eau tempère l'alcool du vin. C'est là un rôle très utile à la vérité, mais d'ordre négatif. Et, d'autre part, peut-on attendre autre chose d'un gaz inerte ?

Si l'on tient compte, pourtant, de la constitution chimique des êtres vivants et de l'abondance avec laquelle l'azote s'y rencontre ; si l'on tient compte encore du fait que l'azote forme les quatre cinquièmes de l'atmosphère et que les animaux meurent quand, à l'exemple de Magendie, on les prive d'aliments azotés, il semble que ce gaz doit jouer quelque autre rôle, plus actif et plus important. Partons de ce fait bien établi : la nécessité des aliments azotés pour l'entretien de la vie des êtres supérieurs. Comment les végétaux, qui fournissent directement ou indirectement la nourriture des animaux supérieurs, peuvent-ils s'approvisionner d'azote ? Il est naturel de penser qu'ils l'empruntent à l'atmosphère. Mais comment ? C'est là une question dont les agronomes et les chimistes se sont beaucoup occupés, et en France, notamment, Boussingault, MM. Berthelot, Dehérain et George Ville ont consacré un temps considérable à son étude. Ils ont vu que certaines plantes s'emparent de l'azote sous forme de nitrates formés par la combinaison de l'acide azotique de l'air avec les substances du sol, ou sous forme de vapeurs ammoniacales. Mais M. Berthelot avait, il y a quelques années, montré que, selon toute vraisemblance, il existe un autre facteur dans le problème, et que le sol contient sans doute des microbes jouissant de la faculté de rendre l'azote de l'air assimilable par les végétaux. Un travail des plus importants, récemment paru, et du à deux savants allemands, MM. Hellriegel et Wilfarth, a pleinement confirmé cette hypothèse. Ces auteurs ont vu, en effet, que certaines plantes, les légumineuses principalement, jouissent de la propriété de vivre fort bien dans un sol pauvre en nitrates, et de prendre à l'air ambiant l'azote dont elles ont besoin, grâce à des microbes particuliers qui vivent sur leurs racines. Supprimez les microbes et la plante végète médiocrement ; permettez ou favorisez l'accès des microbes en arrosant avec de l'eau ou de la terre arable a séjourné quelques heures, et aussitôt la plante est prospère. Mieux encore : plantez deux légumineuses dans un sol stérilisé, et, comme l'a fait M. Bréal, du Muséum, inoculez à la racine de l'une, au moyen d'une aiguille fine, un peu du liquide plein de microbes qui remplit les nodosités d'une racine de légumineuse prospère, et aussitôt le plant correspondant devient florissant, alors que celui qui n'a point été inoculé demeure chétif. La démonstration est victorieuse : les microbes des racines des légumineuses sont des agents de fixation de l'azote dans les végétaux. Une voie nouvelle s'est ouverte à l'agronomie, et on découvrira sans doute dans cet ordre d'idées imprévu des faits du même genre. Pour nous, il nous suffit de savoir que l'azote atmosphérique est fixé par les plantes. Et comme nous savons que les aliments azotés sont nécessaires aux êtres supérieurs, et que ces aliments sont invariablement, en dernière analyse, fournis par les plantes, nous pouvons conclure que l'azote de l'air est un facteur indispensable de la vie des animaux aussi bien que des végétaux. Gaz inerte et, au premier abord, inutile, il joue cependant un rôle capital dans la nutrition de tous les êtres. Sans azote, pas d'aliments, pas de plantes, pas de vie : telle est notre conclusion légitime.

Il convient d'ajouter que l'azote n'est pas fourni aux végétaux exclusivement par l'air : les nitrates et l'ammoniaque en fournissent également ; mais ces composés eux-mêmes se forment aux dépens de l'azote atmosphérique, et notre conclusion demeure entière.

Nous en venons maintenant à l'acide carbonique. Celui-là, nous le savons, est un élément nuisible au premier chef, et nul doute que nous ne trouvions que des méfaits à lui imputer. Nuisible, il l'est : nous avons hâte de le rejeter hors de notre organisme ; il est irrespirable, et les plantes, aussi bien que les animaux, meurent dès qu'elles se trouvent dans un milieu qui en renferme même une proportion relativement faible. De l'air contenant 1 pour 100 d'acide carbonique produit déjà des troubles dans l'organisme, et à 10 pour 100 ce gaz met la vie en danger ; la mort est une affaire de temps. En effet, le sang chargé d'acide carbonique est nuisible aux tissus ; et quand nous respirons dans une atmosphère riche en acide carbonique, les globules sanguins ne se débarrassent qu'incomplètement de l'acide carbonique qu'ils ont recueilli dans les tissus, et ils reviennent à ceux-ci, riches de ce dernier gaz, pauvres en oxygène, c'est-à-dire très impropres à l'entretien de la vie. Et ces globules sanguins conservent leur acide carbonique au contact de l'atmosphère impure, parce qu'ils ne peuvent s'en débarrasser qu'à la condition que la tension de ce gaz soit supérieure dans les globules à ce qu'elle est dans l'atmosphère ; or, l'atmosphère étant plus riche en ce gaz, il y a une tension supérieure à celle qu'il a dans les globules ; il ne tend donc pas à quitter ceux-ci, il y reste et asphyxie l'animal, en portant la mort dans ses tissus. Avant d'amener celle-ci, il détermine une anesthésie marquée que Bichat a bien mise en lumière, au moyen d'expériences consistant à faire passer, dans la carotide et les centres nerveux d'un animal, du sang veineux chargé d'acide carbonique d'un autre animal de même espèce. Du reste, même en application locale sur la peau il produit une insensibilité locale, une anesthésie connue depuis longtemps, et qui a été souvent utilisée. Pline rapporte, en effet, dans son *Histoire naturelle*, que le marbre, mélangé au vinaigre, endort les parties sur lesquelles on l'applique, de telle sorte que l'on peut couper et cautériser celle-ci sans provoquer de douleur. L'agent anesthésiant est ici l'acide carbonique, que l'action de l'acide acétique du vinaigre sur le carbonate de chaux met en liberté.

Quand l'acide carbonique est mis à même d'agir non plus sur une partie, mais sur la totalité de l'organisme, comme dans les cas où il est inhalé par les poumons, il détermine une anesthésie générale, qui a été étudiée par divers expérimentateurs, et que l'un d'eux, M. Ozanam, a trouvée si satisfaisante qu'il n'a pas hésité à recommander l'acide carbonique comme agent anesthésiant, à la place de l'éther ou du chloroforme. Ce conseil n'a guère été suivi, à notre connaissance, et il est douteux que les chirurgiens soient jamais très portés à employer un agent aussi redoutable. On connaît un certain nombre de cas où l'homme a été profondément intoxiqué par l'acide carbonique, sans que la mort se soit cependant produite. Dans tous ces cas, il y a eu une anesthésie complète, précédée, au dire de quelques-uns des patients, d'un état délicieux, où ils se croyaient entourés d'une musique exquise et de lumières très brillantes. Mais cet état précède de peu une perte de connaissance complète, qui, si l'agent toxique continue à pénétrer dans le sang ou à ne pas s'en dégager, se transforme sous peu en un sommeil éternel. Les cas de mort par acide carbonique ne sont pas rares : on en observe dans tous les lieux où se font des fermentations alcooliques, autour des cuves des brasseurs et des vignerons, et partout où s'exhale de l'acide carbonique naturel ou artificiel ; dans les cavernes d'où ce gaz s'exhale, dans les pièces closes ou mal ventilées où est accumulée une trop grande quantité d'hommes ou d'animaux. Dans les salles publiques, en effet, l'air se vicie rapidement ; dans les salles de théâtre, dans les écoles, dans les salles de cours, comme à la Sorbonne, où on a trouvé jusqu'à 10 pour 1000 d'acide carbonique, et dans une écurie des Alpes où hommes et animaux étaient entassés les uns sur les autres, on a pu rencontrer jusqu'à 21 parties d'acide carbonique pour 1000. De telles atmosphères sont toxiques, et on en a la preuve. C'est ainsi que, dans la guerre des Indes, sur 146 prisonniers qui furent enfermés dans une petite chambre, à huit heures du soir, il n'y en avait plus que 50 de vivants à deux heures du matin, et, au jour, il n'en restait que 23, d'ailleurs mourants. De même, après Austerlitz, sur 300 prisonniers enfermés dans une cave mal ventilée, 260 moururent en quelques heures, asphyxiés par l'acide carbonique. De même encore, aux célèbres assises d'Oxford, où les juges et une partie des assistants furent asphyxiés par le même mécanisme. Peut-être, dans ces cas, s'est-il joint à l'influence de l'acide carbonique une autre influence, celle du poison que M. Brown-Séquard croit être exhalé par les poumons ; mais il faut convenir que l'existence de ce poison n'est point encore certaine, bien qu'elle paraisse vraisemblable. Pour en revenir aux cas d'asphyxie par l'acide carbonique, il nous reste à citer ceux où l'homme et les animaux sont tués par du gaz exhalé des sources naturelles et qui s'accumule dans les dépressions voisines. Ces *vallées de mort* ont été décrites par différents voyageurs. Nul végétal n'y pousse, pas un arbuste, pas une herbe ; c'est la stérilité absolue. Le sol nu, pierreux, est comme frappé de mort. Çà et là blanchissent des squelettes d'oiseaux, de mammifères, d'hommes même. Ignorant les funestes propriétés de ce lieu maudit, ceux-ci ont voulu le traverser ; l'acide carbonique, plus lourd que l'air, accumulé dans toute la partie non agitée par les vents, les a saisis, et nul n'en est sorti.

Funeste aux animaux comme aux plantes, rejeté par eux aussitôt qu'il s'est formé au sein de leurs tissus, l'acide carbonique nous apparaît bien comme un agent de mort, un gaz malfaisant entre tous. Tout au plus lui peut-on accorder un rôle bienfaisant lors de la mort des êtres supérieurs ; s'accumulant peu à peu dans l'organisme lors de l'agonie, presque toujours asphyxique, peut-être vient-il, au moment où l'homme entre dans son dernier sommeil, où son corps va subir la dissolution finale, assoupir l'intelligence, l'insensibiliser doucement, et par une anesthésie bienfaisante, lui faciliter l'acte final de la vie physique. La chose est vraisemblable en tout cas, et ce gaz qui, selon quelques physiologistes, présiderait à notre entrée dans ce monde en provoquant l'accouchement, interviendrait encore pour nous en aplanir la sortie.

Ce n'est toutefois pas là toute l'action de l'acide carbonique dans la vie. Il remplit un rôle plus actif, plus essentiel, et d'un vif intérêt, que nous ne saurions passer sous silence.

Tous les animaux, directement ou indirectement, se nourrissent de plantes, et les plantes empruntent au sol la plupart de leurs éléments minéraux. L'azote, elles le prennent à l'atmosphère ; de même pour l'oxygène. Mais où prennent-elles le carbone dont leurs tissus sont si richement pourvus ? Deux sources se présentent. L'acide carbonique se trouve dans le sol, où il est combiné avec différents corps sous la forme de carbonates, et dans l'humus, dans la terre superficielle composée de débris de feuilles, de branches, de racines, mortes et décomposées, de mousse, de fougères flétries, etc. Mais nous ne pouvons tenir compte du carbone de l'humus, car les premières plantes n'ont pu en faire usage. Ce serait donc aux carbonates du sol que les plantes prendraient le carbone qui leur est nécessaire, comme l'ont cru Mathieu de Dombasle et nombre d'agriculteurs et de chimistes après lui. Les expériences de Sprengel, de Saussure, et d'autres encore, ont cependant montré que le rôle des carbonates est moindre qu'on ne l'avait pensé, et, plus récemment, Liebig a établi que les plantes se développent très bien dans un sol privé de carbonates. Mais alors où prennent-elles leur carbone ? On sait aujourd'hui que c'est dans l'atmosphère. Elles ont la faculté de décomposer l'acide carbonique de l'air, — les 41 millions d'hectares cultivés de la France absorbent, à eux seuls, au moins 60 millions de *tonnes de carbone* par an, — et de mettre en liberté ses éléments, l'oxygène qui se dégage, le carbone qu'elles fixent dans leurs tissus. Ce travail important ne s'effectue toutefois qu'à deux conditions : il faut que la plante soit pourvue de chlorophylle, cette matière verte qui donne leur couleur aux feuilles ; il faut encore de la lumière solaire et une température pas trop basse. La chlorophylle, en effet, n'opère la décomposition de l'acide carbonique qu'à la lumière et dans certaines conditions de température ; au froid ou à l'obscurité, elle cesse de fonctionner, et si elle n'est pas en assez grande abondance, si les feuilles manquent, la plante souffre et meurt, faute d'aliments. Car, il le faut bien remarquer, la fonction chlorophyllienne est une fonction de nutrition, absolument distincte de la fonction respiratoire, dans laquelle, comme chez les animaux, la plante absorbe de l'oxygène et rejette de l'acide carbonique, et ces deux fonctions ont une intensité différente, la première étant de beaucoup la plus active, bien qu'elle ne s'opère que de jour. Si elle ne l'était pas, et si les deux fonctions se faisaient exactement équilibre, la plante ne saurait s'accroître, perdant d'un côté ce qu'elle acquerrait de l'autre.

C'est par les feuilles principalement, et par les racines, à un moindre degré, que s'absorbe l'acide carbonique de l'atmosphère, et, de toutes façons, il faut que ce gaz passe par les feuilles, par les parties vertes, nourries de chlorophylle, pour être utilisé par la plante.

Nous voyons donc que ce poison violent, ce gaz absolument nuisible à la vie des êtres, et qui les tue du moment où il s'accumule dans l'atmosphère en proportions même faibles, est une des bases essentielles de la vie du globe. S'il venait à disparaître de l'air, la végétation s'éteindrait du même coup, et en l'absence de celle-ci, il suffirait de quelques jours pour amener la mort de tout ce qui respire et se meut à la surface de notre planète. Oui, l'acide carbonique est un poison, une substance très nuisible à la vie ; mais elle lui est aussi nécessaire et indispensable dans les proportions où elle se trouve dans l'atmosphère qu'elle est fatale quand elle y occupe une place plus importante.

Tels sont les rapports de l'air, envisagé au point de vue de sa composition chimique, avec la vie telle qu'elle se manifeste sur la terre, de l'air normal considéré en dehors de toute viciation d'origine artificielle, de l'air physiologique, si l'on veut.

Section III

Nous aborderons maintenant un autre côté de la question complexe que nous nous sommes posée, et c'est de l'air en tant que corps pesant que nous allons nous occuper. C'est là un point de vue qui mérite, tout autant que le précédent, d'attirer notre attention, à raison des connexions très certaines qui existent entre la vie et la pression atmosphérique.

L'atmosphère est pesante, comme nous l'avons dit, et l'air pèse sur la terre et sur les êtres qui la peuplent. Cette pesanteur varie selon les niveaux, étant moindre dans les régions élevées, et plus grande dans les régions basses. A mesure que le baromètre voyage des cimes des grandes chaînes vers les plaines, puis arrive au niveau des mers, et s'enfonce ensuite dans les profondeurs des mines, la pression s'accroît visiblement. Les petits écarts de pression ne sont guère ressentis par l'être vivant, mais il n'en va pas de même pour les différences considérables, et quand l'homme s'élève dans les airs, en ballon ou sur les montagnes, ou se dirige vers les lieux où la pression est naturellement ou artificiellement forte, il ressent certains effets qu'il convient de signaler. Les animaux ne sont pas moins sensibles aux différences de pressions barométriques : il est aisé de s'en assurer par l'expérience et par l'observation. Comme il n'est pas toujours très pratique de transporter ceux-ci dans les airs, ou de les emmener avec soi dans les scaphandres par exemple, ou dans les cloches à plongeur, pour étudier sur eux les effets de la diminution ou de l'accroissement de pression, effets qui se produisent aussi sur l'expérimentateur et sont de nature à rendre l'expérience inutile, on peut opérer dans le laboratoire, où, dans les appareils spéciaux imaginés à cet effet, on sait décomprimer l'air au degré que l'on veut, ou encore le comprimer dans des proportions qui déconcertent l'imagination, dans des proportions telles que ce gaz devient liquide, voire même solide. Ces appareils nous donnent le vide à peu près absolu, et des pressions de 800 ou 1,000 atmosphères, à notre volonté, et dans ces conditions il nous est facile de connaître l'influence de la pression atmosphérique sur la vie des êtres, et de vérifier les conclusions qui découlent des beaux travaux de Jourdanet et de Paul Bert, entre autres, sur cette question.

Un point à noter, dès le début, est le fait que tous les êtres terrestres ou aquatiques peuvent subir sans danger certaines variations de pression atmosphérique. L'homme, par exemple, travaille à un kilomètre sous terre sans que l'augmentation de pression offre d'inconvénients, et s'élève à cinq ou six kilomètres dans les airs sans que la diminution de pression devienne nécessairement fatale. Il en est de même pour l'oiseau et la plupart des mammifères, et, d'autre part, le poisson des grandes profondeurs peut s'élever jusqu'à certains niveaux sans risquer de succomber aux accidents de la décompression, sans éclater comme il le fait quand il se rapproche trop de la surface. Mais il est certain aussi que, pour tous les êtres, il y a des limites de variation de pression qu'ils ne peuvent franchir impunément, et qu'en dehors de ces limites, qui varient quelque peu selon les espèces ou les groupes, tous les êtres meurent quand la pression est accrue ou diminuée au-delà de certaines proportions. Quel est le mécanisme de la mort dans ces deux cas ? Telle est la question qui se pose à nous. Prenons d'abord le cas de la diminution de pression : quels sont les symptômes observés ? Voici quatre cents ans déjà qu'une excellente description nous a été faite par le missionnaire jésuite, Acosta, des accidents qui accompagnent les ascensions dans les hautes montagnes, qui accompagnent par conséquent la raréfaction de l'air et la diminution de pression. Faisant l'ascension d'une montagne du Pérou, dit-il, « je fus subitement atteint et surpris d'un mal si mortel et étrange que je fus presque sur le point de me laisser choir de la monture en terre… Me trouvant donc seul avec un Indien, lequel je priai de m'aider à me tenir sur la monture, je fus épris d'une telle douleur de sanglots et de vomissements que je pensai jeter et rendre l'âme. D'autant qu'après avoir vomi la viande, les phlegmes et la colère (bile), l'une jaune et l'autre verte, je vins jusqu'à jeter le sang, de la violence que je sentais en l'estomac, je dis enfin que si cela eût duré j'eusse pensé certainement être arrivé à la mort. Cela ne dura que trois ou quatre heures jusques à ce que nous fussions descendus bien bas… Et non-seulement les hommes sentent cette altération, mais aussi les bêtes… » Et plus loin : « Je me persuade que l'élément de l'air est en ce lieu-là si subtil et si délicat qu'il ne se proportionne point à la respiration humaine, laquelle le requiert plus gros et plus tempéré. » La justesse de ces dernières expressions, — employées trois cents ans avant Priestley et Lavoisier, — est frappante ; l'air des hauteurs est en effet trop rare, trop ténu, trop subtil pour la respiration des êtres supérieurs. Le mal que décrit Acosta est celui qui, selon les lieux, prend le nom de *pûna*, de *soroche*, de *veta*, de mal des montagnes ou des ballons. Il a été décrit plus récemment par Tschudi, par Lortet, et bien d'autres ; chacun a observé les vertiges, les vomissements, l'anxiété, la défaillance, qui le caractérisent ; on sait par des expériences précises, — celles de Lortet et de Chauveau, entre autres, — que la respiration est diminuée, en même temps qu'accélérée, on a noté les douleurs musculaires intenses, et les troubles circulatoires et nerveux qui aboutissent à la paralysie et à la mort, si l'ensemble des perturbations se prolonge, comme dans la catastrophe du *Zénith*.

Sans retracer ici les opinions qui ont eu cours aux différentes époques sur la cause de ces accidents redoutables, nous nous contenterons de rappeler ici l'explication récemment fournie par Paul Bert et d'autres physiologistes. Elle est bien simple ; les troubles de la mort sont dus à une diminution de tension de l'oxygène, diminution qui a pour cause la rareté relative de ce gaz, l'air étant plus raréfié, plus dilaté, en quelque sorte, dans les hauteurs que vers les niveaux moyens. En réalité, les recherches de Paul Bert montrent que, dans ce cas, la diminution de pression tue les organismes non pour une raison mécanique, non par diminution de pression, mais pour une raison d'ordre chimique, par rareté d'oxygène, par *anoxyhémie*, ou défaut d'oxygène dans le sang. L'animal plongé dans une atmosphère raréfiée meurt pour les mêmes raisons que l'animal respirant dans un espace clos non ventilé ; tous deux meurent par insuffisance d'oxygène. A ce facteur s'en joint un autre, dans le cas des poissons des grandes profondeurs venant trop près de la surface : la dilatation excessive des gaz du corps qui, ayant une forte tension, font aisément éclater les tissus quand la pression extérieure devient inférieure à la pression intérieure. Ce cas se présente parfois pour l'homme, comme nous l'allons voir tout de suite.

Nous venons, en effet, de considérer le cas où un animal, — ou un homme, — passe graduellement d'un niveau moyen ou inférieur à un niveau très élevé. Il en est un autre à envisager maintenant : c'est celui où la transition est rapide, où le passage d'une pression normale ou forte, à une pression faible, se fait brusquement. Nous en avons des exemples quand un ouvrier qui travaillait dans une pile de pont, à trois ou quatre atmosphères de pression, remonte brusquement à la surface ; quand un scaphandrier sort trop vite de l'eau, quand un aéronaute se trouve enlevé à des hauteurs considérables par un ballon trop chargé de gaz. On sait que dans ces cas de *décompression* rapide, de passage soudain d'une pression forte à une pression faible, la mort survient parfois avec une grande promptitude, et qu'un animal mis sous une cloche où la pression, d'abord normale, est subitement diminuée par quelques coups de pompe, tombe sur le flanc et expire sans tarder, même quand la pression finale ne serait nullement incompatible avec la vie, si la décompression avait été opérée graduellement. Il y a ici quelque chose de différent des phénomènes qui se présentent dans les cas de la décompression graduelle, et l'autopsie des victimes nous fournit l'explication dont nous avons besoin, dans le fait suivant : la présence de gaz libres sous la peau, dans les tissus, dans les vaisseaux, fait qui ne se présente jamais à l'état normal.

Ces gaz nous indiquent la cause de la mort. Nous savons que le sang et tous les tissus renferment à tout moment des gaz, de l'oxygène, de l'azote, etc., libres ou combinés avec les globules, et la proportion de ces gaz varie avec la pression extérieure, c'est-à-dire selon la tension de ces mêmes gaz dans l'atmosphère. Si la pression barométrique diminue graduellement, la tension des gaz de l'organisme diminue de même ; ils s'échappent graduellement du sang pour passer dans l'atmosphère, sans déterminer de troubles. Mais si la décompression est brusque, ce travail graduel ne peut s'opérer, et il arrive que les gaz du sang et des tissus, en présence d'une atmosphère où la pression est beaucoup moindre que dans le sang, sont mis en liberté brusquement, sous forme de bulles qui paralysent sans retard la fonction circulatoire. Les accidents de ce genre ne sont pas rares chez l'homme, et c'est pourquoi on recommande toujours aux ouvriers qui travaillent dans l'air comprimé de remonter d'autant plus lentement à l'air libre qu'ils sont descendus plus bas, à pression plus forte : dans les conditions où ils sont placés, la compression de l'air n'a que de faibles inconvénients, et c'est dans la décompression qu'est tout le danger. « On ne paie qu'en sortant, » disent-ils de façon pittoresque.

Voilà pour la diminution de pression, rapide ou lente. Dans un cas, elle est nuisible par défaut d'oxygène, par anoxyhémie, et c'est pourquoi les aéronautes emportent avec eux de l'oxygène pour parer à la rareté de ce gaz dans l'atmosphère des hauteurs ; dans l'autre, qu'il s'agisse du passage d'une pression forte à une pression moyenne, normale, ou du passage de la pression moyenne a une pression faible, les troubles sont dus à un autre facteur, d'ordre mécanique, au dégagement rapide des gaz contenus dans les tissus et surtout dans le sang, d'où arrêt de la circulation. On sait, en effet, que la présence de l'air libre ou d'un gaz quelconque dans les vaisseaux paralyse de suite le cœur. Dans le cas où le passage se fait brusquement d'une pression forte à la pression moyenne, l'anoxyhémie n'intervient pas, et la cause mécanique est prépondérante ; si le passage se fait d'une pression moyenne à une pression faible, il y a, s'il est lent, anoxyhémie ; s'il est brusque, anoxyhémie et dégagement gazeux à la fois.

Passons maintenant au cas où il y a augmentation de pression. Il n'y a pas à parler de celle qui existe dans les profondeurs des mines ;

elle est insignifiante, et ses effets physiologiques sont négligeables. C'est chez les scaphandriers et chez les ouvriers qui travaillent au fonçage des piles de pont, par exemple, qu'il faut étudier l'influence de l'augmentation de pression. Le milieu où travaillent ces hommes présente, en effet, une pression barométrique élevée, beaucoup plus élevée qu'elle n'est dans les mines les plus profondes, parce que pour faire équilibre à l'eau, beaucoup plus dense que l'air, il faut une compression d'air considérable, équivalent à trois ou quatre atmosphères. Quand la compression est faible, les troubles sont peu marqués : ils se réduisent à quelques bourdonnements d'oreilles, à des saignements de nez, et à l'engourdissement des membres ; mais la respiration est plus lente et le pouls ralenti. Parfois, le système nerveux présente une excitation anormale, semblable à celle de l'ivresse. Il est tout naturel de penser que ces accidents sont dus à une augmentation de tension de l'acide carbonique, et, en effet, quand la compression ne dépasse pas certaines limites, le gaz est bien le coupable : il s'accumule dans l'organisme et tout naturellement il l'asphyxie, il l'empoisonne. Mais si l'on opère avec des pressions fortes, comme l'a fait Paul Bert, on arrive à un résultat très singulier et bien différent. Le regretté physiologiste, pensant retarder l'effet funeste de la compression en chargeant l'air d'une proportion considérable d'oxygène, pour empêcher l'influence toxique de l'acide carbonique, ne fut pas médiocrement surpris en voyant que ces efforts n'aboutissaient qu'à des catastrophes plus rapides. En analysant les phénomènes, il vit, en effet, que dans la compression considérable (supérieure à 6 atmosphères) l'oxygène de l'air, acquérant une tension très grande, devient un poison, comme il l'est pour l'animal respirant à la pression normale, dans un milieu riche en ce gaz, ainsi que nous l'avons vu plus haut. Et ce qui prouve que l'oxygène est bien le coupable, c'est le fait qu'un animal supportera fort bien une pression de 20 atmosphères, si l'air est pauvre en oxygène, si l'oxygène, y étant plus rare, y possède une tension ne dépassant guère celle qu'il a dans l'air normal, à la pression habituelle. Sous une tension trop grande ou, ce qui revient au même, une trop grande abondance, l'oxygène est toujours un poison, et des plus redoutables, et c'est pourquoi l'animal et l'homme meurent dans un milieu atmosphérique normal, du moment où la pression y dépasse certaines limites. Rapide ou lente, la compression tue par excès d'oxygène, et, somme toute, si on laisse de côté les cas où les variations de pression sont rapides, et où, comme dans la décompression brusque, il se mêle un facteur purement mécanique, on voit que les variations graduelles agissent non d'une façon physique, mais de manière purement chimique, en mettant l'organisme en présence d'un air trop riche ou trop pauvre en oxygène.

Il convient d'ajouter qu'ici comme ailleurs, il y a des phénomènes d'accoutumance [1] : les Indiens et les animaux des Cordillères, par exemple, ne souffrent pas du mal de montagne qui saisit le voyageur, et les animaux des grandes profondeurs vivent sous des pressions que nul être terrestre ou littoral ne pourrait supporter. Ceci ne change d'ailleurs pas la face du problème ; pour les uns et pour les autres, il y a des diminutions et des augmentations de pression, qui sont fatales, et au point de vue général, le fait que les adaptations sont différentes n'a nulle importance ; les différences sont de degré et non de nature, et l'ordre des phénomènes est le même.

Nous pouvons donc dire que l'influence des variations de pression sur l'être vivant est une influence en apparence mécanique, en réalité d'ordre chimique. En est-il de même de l'action des mouvements de l'atmosphère ? Si nous laissons de côté la considération que les vents et autres mouvements atmosphériques, en favorisant la diffusion des gaz produits en abondance sur tel ou tel point, et le rôle régulateur de la mer, contribuent à agir sur la composition chimique de l'air, nous voyons que l'action de ces mouvements est d'ordre purement physique. Au point de vue très spécial qui nous occupe ici, il faut considérer ces mouvements comme servant à la régulation de la température, et comme contribuant à la dispersion de certaines formes de la vie. Régulateurs de température, ils le sont nécessairement, puisque les vents ont pour cause principale l'inégalité de l'échauffement du sol et de l'air en des lieux différents, et si ceux-ci n'existaient point, la température ne tarderait pas à devenir insupportable et nuisible à la vie. Sans eux, les nuages ne <u>transporteraient</u> pas l'eau des mers sur les continents et la sécheresse

1 Des travaux récents, dus à MM. Müntz et Regnard, ont en effet prouvé que le sang de l'animal transporté dans les hauteurs ou soumis à une décompression expérimentale de quelque durée, acquiert la propriété d'absorber une plus grande quantité d'oxygène. De là l'influence bienfaisante des séjours dans les montagnes.

serait grande. Sans eux, l'air localement vicié demeurerait tel ; la diffusion des gaz impurs produits naturellement ou artificiellement ne se ferait que lentement. Le vent est le balayeur de l'air ; il le pousse, l'agite, le mélange, le fait passer sur les terres et les mers et assure la répartition dans toute l'atmosphère des éléments qui, pour une cause ou pour une autre, se produisent avec plus d'abondance sur un point quelconque ; il entretient la pureté de l'atmosphère, ou, du moins, son homogénéité de composition, et contribue à empêcher les trop grandes inégalités de température. Il est à remarquer que les mouvements de l'atmosphère exercent une influence sur la régulation de la température propre de l'homme et des animaux homœothermes. Ils servent à empêcher la saturation de l'air par l'humidité, et on sait combien dans une atmosphère humide et chaude, la chaleur est pénible, en raison de la difficulté avec laquelle s'opère la bienfaisante et rafraîchissante évaporation de la transpiration dans un milieu déjà saturé d'humidité ; et d'autre part, l'air absolument sec n'est pas sans inconvénients et irrite les poumons. En répandant partout dans l'atmosphère l'humidité produite en abondance dans certaines parties de celle-ci, les vents ont une utilité considérable pour les êtres vivants ; ils en ont encore en favorisant la dispersion de nombre d'insectes et de végétaux qu'ils entraînent au loin, par-delà les mers, dans les îles et les continents voisins. Mais ils ont leurs inconvénients aussi, en dispersant en même temps les microbes pathogènes et les maladies dont ils sont la cause. Je n'insisterai pas sur ce point, qui d'ailleurs se représentera à nous bientôt : il suffit de signaler l'influence favorable à la fois et nuisible qu'offrent les mouvements atmosphériques, influence due tout entière à la nature même de ce qu'ils transportent.

Section IV

Nous avons considéré les relations des êtres vivants avec la composition chimique de l'air, avec sa pression, avec ses mouvements : il nous reste à considérer les relations de ces êtres avec son contenu. L'air renferme beaucoup d'éléments accidentels, secondaires, *inconstants*. Les uns sont gazeux : ce sont par exemple des gaz, généralement toxiques, produits naturellement ou artificiellement comme l'oxyde de carbone, les carbures d'hydrogène, et mille autres encore. Nous n'en parlerons pas ici, car, en somme, on peut trouver dans l'air, selon les conditions et les lieux, tous les corps de la chimie, et leur présence est accidentelle. Ceux dont nous voulons parler ici sont normaux, tout en étant accessoires, et nous considérerons principalement parmi eux la vapeur d'eau et certaines matières solides, vivantes ou inanimées ; laissant de côté les poussières minérales rejetées par les volcans, dues à l'industrie, ou prises au sol même.

La vapeur d'eau est sans cesse répandue dans l'atmosphère, sous forme de nuages ou de brouillards, et aussi sous forme de vapeur invisible. C'est de cette dernière que nous voulons surtout parler. Son origine est double. Une partie en est fournie par l'évaporation des eaux répandues dans les mers, les fleuves et le sol. Cette évaporation est déterminée par la température de l'air, à la fois, et la quantité de vapeur d'eau déjà contenue dans celui-ci. Une autre partie est fournie par les êtres vivants, par la transpiration pulmonaire et cutanée des animaux, par l'évaporation dont les feuilles des plantes sont normalement le siège. Cette production de vapeur d'eau par les êtres vivants est très variable, et subit des modifications considérables selon différentes conditions extérieures. Un animal ou un homme qui respire dans un air très sec produit beaucoup de vapeur d'eau, puisque l'air qu'il expire en est saturé ; mais s'il respire dans un air très humide, il en rend à peine et ne fait guère que rendre à l'atmosphère l'humidité qu'il vient de lui prendre. L'humanité entière déverse dans l'atmosphère environ 15 milliards de kilogrammes d'eau par vingt-quatre heures, mais c'est bien plus une restitution qu'une création qu'elle opère ainsi. Pareillement, les végétaux donnent peu de vapeur d'eau à l'air s'il en est très riche ; mais si l'air est sec, ils en abandonnent des quantités énormes. On a pu calculer, par exemple, qu'un bois de cinq cents arbres adultes, vigoureux, donne près de 4,000 tonnes de vapeur d'eau pour douze heures de jour. De nuit, la transpiration est plus faible ; elle n'atteint guère que le cinquième de l'évaporation diurne. Ce seul exemple suffit à montrer combien les végétaux sont gros producteurs de vapeur d'eau. Et si l'on réfléchit que pour les États-Unis, par exemple, d'après M. J.-M. Anders, la surface foliaire est au moins le quadruple de la surface terrestre, on voit combien est important le rôle des végétaux au point de vue qui nous occupe en ce moment, et on ne s'étonne point, si certains physiciens ont pu évaluer à 72 trillions de tonnes ou de mètres cubes la quantité d'eau contenue sous forme de vapeur dans l'atmosphère.

Cette vapeur d'eau, répandue dans l'air en proportions très variables d'ailleurs, selon les lieux, le moment, et nombre de conditions que je n'énumérerai pas, a une importance considérable pour la vie. L'air trop sec irrite les organes respiratoires ; l'air trop humide entrave la transpiration, ou plutôt s'oppose à ses effets bien-faisans : il est donc bon que l'atmosphère renferme une certaine quantité d'humidité. Celle-ci joue encore un autre rôle, de plus grande importance. Elle crée entre le sol même et les espaces célestes un écran bienfaisant, qui de jour tempère la chaleur du soleil, en absorbant une partie de celle qu'il envoie à la terre, et en l'empêchant de brûler le sol et la végétation ; et qui, la nuit, inversement, s'oppose à un refroidissement trop considérable par rayonnement. En effet, la vapeur d'eau qui laisse passer les rayons calorifiques lumineux absorbe une très grande proportion des rayons calorifiques obscurs, qu'ils soient émis par le soleil, ou la terre, ou toute autre source, et les expériences de Tyndall et de Pouillet en particulier ont montré que l'air, grâce à la vapeur d'eau qu'il renferme, absorbe à peu près le quart de la chaleur solaire et ne laisse arriver que les trois quarts de celle-ci à la terre. Sans cet écran, ce filtre, nos journées d'été seraient bien plus chaudes à la fois, et plus froides, comme l'est la température des pics élevés, ou celle que l'on rencontre aux grandes hauteurs dans les ascensions aéronautiques. Plus on est élevé, en effet, et plus l'épaisseur de la couche de vapeur d'eau interposée entre l'observateur et le soleil est faible. Dans ces conditions, le soleil est brûlant ; ses rayons, passant plus librement, échauffent fortement tous les objets, et d'autre part, l'air ambiant est très froid, puisqu'il est pauvre en vapeur d'eau et n'absorbe que très peu de chaleur. Aussi, sans vapeur d'eau, nos journées d'été seraient torrides et glacées à la fois : le soleil nous brûlerait, mais l'air serait froid, et à l'ombre, le rayonnement considérable déterminerait des températures très basses. De nuit, la vapeur d'eau tempère le rayonnement. La terre échauffée de jour tend, durant la nuit, à perdre sa chaleur et à la renvoyer dans les espaces périplanétaires : ce rayonnement est considérable quand le ciel est très pur et très sec ; une nuit claire est plus froide qu'une nuit nuageuse ; elle est plus froide sur les sommets, surmontés d'une couche faible d'atmosphère et de vapeur d'eau, que dans les plaines basses surmontées d'une couche atmosphérique plus épaisse. Le rayonnement est un phénomène inévitable, si nous considérons que les espaces célestes présentent une température infiniment basse, probablement inférieure à — 100 degrés centigrades ; mais il est d'autant plus grand que l'air est plus sec, plus pauvre en vapeur d'eau capable d'absorber ces rayons calorifiques obscurs qu'émet la terre. Sans la vapeur d'eau, dès le coucher du soleil, il se produirait un refroidissement considérable, comme cela a lieu sur les montagnes élevées, sur les hauts plateaux, au Thibet par exemple, ou même dans les déserts, comme le Sahara, surmontés d'une atmosphère très sèche, et ce refroidissement serait très nuisible et même fatal à nombre d'animaux et de plantes. La vapeur d'eau tempère donc la chaleur du jour et le froid de la nuit : elle établit une certaine uniformité là où sans elle il se présenterait des extrêmes défavorables à la vie. Signalons encore le rôle qu'elle joue en s'opposant à la production d'une obscurité totale durant la nuit, en s'illuminant dans les hauteurs où les rayons du soleil pénètrent encore après avoir quitté notre sol. On peut dire que, sans la vapeur d'eau de l'air, beaucoup de formes animales et végétales disparaîtraient : c'en est assez pour faire sentir son importance.

Le rôle des matières solides nombreuses que renferme l'atmosphère est aussi varié que la nature même de celles-ci. L'air physiquement pur est un mythe, en effet, et on ne peut l'obtenir que dans les laboratoires avec certaines précautions. Même aux plus grandes hauteurs où le nombre des microbes de l'air est petit et où ils font le plus souvent défaut, ainsi que les fragments végétaux ou animaux, il existe toujours des poussières minérales très fines, il est vrai, dont les unes viennent des cendres rejetées par les volcans ou du sol lui-même, et les autres sont des fragments infinitésimaux d'aérolithes qui ont traversé notre atmosphère. Ces poussières se voient aisément à l'œil nu quand nous regardons un rayon de soleil qui traverse une chambre. Mais, pour les bien analyser, il faut avoir recours au microscope et à l'aéroscope. Alors on y trouve les éléments les plus variés. Ce sont de petits animaux desséchés, des vers, des rotifères, etc. ; des vibrions, des infusoires, des fragments d'insectes, de laine, des écailles d'ailes de papillons, des poils, des plumes, des fibres végétales, des spores de champignons, des grains de pollen, de farine, des poussières du sol et enfin des microbes. Au point de vue qui nous occupe ici, beaucoup de ces fragments n'ont pour nous qu'un médiocre intérêt, bien qu'il soit curieux de voir que des poussières d'origine volcanique, comme celles que rejetait naguère le Krakatoa, peuvent séjourner durant des années dans l'air, à des hauteurs très considérables, et, grâce aux vents, circuler autour de la terre, en déterminant les phénomènes lumineux si curieux que les physiciens de tous les pays ont remarqués, et que nous avons constatés tous il y a quelques années. Au point de vue de la vie, ce qui nous intéresse, c'est la présence de grains de pollen qui, transportés au loin par le vent, peuvent aller féconder des fleurs de même espèce ; c'est la présence des spores de cryptogames qui favorisent la dispersion de ce groupe ; c'est encore la présence de nombreuses graines adaptées au transport par l'air qui en facilite la dispersion. Graines très légères, munies d'appendices qui leur permettent de flotter longtemps dans l'air et de franchir des espaces immenses, elles vont se semer au loin et élargir le domaine et l'habitat de l'espèce qui les a produites. Les exemples de ce genre abondent, et il serait oiseux de les vouloir rapporter plus longuement. Ce qui nous intéresse encore, c'est la présence de microbes. Beaucoup d'entre eux sont inoffensifs, mais il en est aussi de mortels. Répandus dans l'air par les malades atteints de tuberculose, de variole, de scarlatine, de rougeole, de diphthérie, de toute maladie microbienne, pris au sol où les substances contaminées ont été jetées, par l'air qui les soulève et les transporte, ils se répandent tout à l'entour, de près et au loin, en une traînée de mort. Ils abondent surtout dans les lieux habités. A Montsouris, M. Miquel en a trouvé de 30 à 770 par mètre cube, selon les vents, les saisons, etc. ; 5,500 dans la rue de Rivoli ; de 40 à 80,000 dans les salles d'hôpital, tandis qu'à 7,000 mètres d'élévation et au-dessus de la mer, au loin des côtes, on n'en trouve plus du tout. Ces chiffres suffisent à indiquer combien, dans certains cas, l'air est un agent dangereux et sert de véhicule à la mort.

Nous n'en sommes pas surpris. Nous l'avons vu, il porte la vie et la mort à la fois. Chacun de ses éléments est indispensable à la vie et chacun d'eux est un agent de mort, selon les conditions et les doses.

Le plus vivifiant d'entre eux, en apparence, devient un poison redoutable ; le plus inutile, le plus nuisible même, au premier abord, se révèle à l'analyse comme une des bases essentielles de la vie. Et la conclusion, c'est qu'aucun d'eux ne pourrait disparaître ou se présenter autrement, sans qu'aussitôt la terre devînt un globe stérile et nu, privé de toute existence animée. En y regardant de plus près, un autre fait se révèle à nous. C'est que, selon l'expression très heureuse de J.-B. Dumas, tous les êtres vivants ne sont que de l'air condensé. Les végétaux n'existent que grâce à l'air, et les animaux n'existent que par les végétaux. Les éléments des végétaux sont eux-mêmes de l'air et les animaux vivent des végétaux ; la liaison est étroite, intime, directe : l'homme est de l'air condensé. Et comme cet air, depuis des siècles qu'existe l'humanité, n'a fait que traverser incessamment les corps de nos ancêtres, en faisant partie pour un temps et se dégageant ensuite, notre corps actuel est fait des mêmes éléments que celui de nos devanciers. Notre substance est la leur. Et cette substance, qui est aussi celle des végétaux passés, va sans cesse circulant à travers l'espace en une marée qui ne se lasse point. Aujourd'hui ou demain, fleur ou fruit, elle s'incorporera ici dans le lent organisme d'un mollusque, là dans le cerveau d'un Descartes, d'un Pascal, d'une Jeanne d'Arc ou d'un Shakespeare. Elle ne s'arrête jamais ; son cycle, dont nul œil humain ne vit le commencement et dont nul ne peut se représenter la fin, semble infini ; passant alternativement par la vie et la mort, vieille comme le monde, et, malgré cela, éternellement jeune, elle aurait, — si elle avait la conscience, — épuisé tout ce que la vie peut contenir de joie et de douleur, et connu toutes les émotions, les plus nobles comme les plus viles.

Cet air qui nous frappait doucement au visage tout à l'heure, c'est toute la vie passée, c'est une myriade d'existences, ce sont nos devanciers, ce sont aussi les morts que nous pleurons ; maintenant il fait partie de nous-mêmes, et demain il poursuivra sa route, se métamorphosant sans cesse, passant d'un organisme à l'autre, sans choix, sans distinction, jusqu'au jour où, notre planète devenue morte, la substance de tout ce qui aura vécu rentrera dans la terre refroidie, gigantesque tombeau qui roulera silencieux et désolé par les profondeurs insondables des cieux éteints.

Et après ? La science reste muette : au livre de la nature qui s'ouvre à nous et dans lequel nous plongeons avec avidité pour déchiffrer l'avenir, il manque deux pages, celles-là même qui nous intéressent le plus, la première et la dernière.

ISBN : 978-1984318817